もったいないばあさんと
考えよう　世界のこと

生きものがきえる

真珠まりこ

講談社

もくじ contents

きえていく　生きものたち……05
「絶滅(ぜつめつ)」ってなにか、わかりますか？……06

- アムールヒョウ……08
- アフリカゾウ……12
- カバ……16
- ジュゴン……20
- トラ……24
- ホッキョクグマ……28
- ジャイアントパンダ……32
- ラッコ……36
- オランウータン……40
- クロマグロ……44

世界中(せかいじゅう)できえゆく生(い)きものたち……48

生きものがきえると、どうなるの？……50
- 私たちのくらしと生きもの……51
- 生物多様性ってなに？……52
- 生きものがきえる理由① 生きる場所がなくなる……54
- 生きものがきえる理由② 気候がかわっている……56
- 生きものがきえる理由③ 外来種が入ってくる……58
- 生きものすべて、みんなの地球……60

あとがき……62

プロフィール……63

レッドリストについて……64

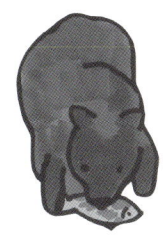

〈レッドリストによるカテゴリー〉

EX（絶滅） **EW（野生絶滅）** **CR（深刻な危機）**
EN（危機） **VU（危急）** **NT（準絶滅危惧）**
LC（低懸念） **DD（データ不足）**

CR、EN、VUの3つはまとめて「絶滅危惧」とされています。
レッドリストについては、64ページをごらんください。

きえていく
生きものたち

「絶滅」ってなにか、わかりますか？

　私たちがすむ地球の上には、私たち人間のほかにも、動物、魚、鳥、虫、木や草や花、コケ、キノコなど、たくさんの生きものたちがくらしています。

　その数は、名前がついているものだけで約215万種、まだ知られていないものをあわせると約1000万から3000万種、あるいはそれ以上いるともいわれています。

いま、生きものたちが、つぎつぎと姿をけして、またその多くに絶滅の危険がある、という問題がおきています。

「絶滅」ってなにか、わかりますか？

　絶滅というのは、その種類の生きものたちがみんな死んでしまって、もう二度と会うことができなくなる、ということです。

　絶滅が心配されている動物や植物は、わかっているだけで約4万4000種もいるそうです。

　それらの生きものの中には、名前を聞いたこともないような種類もいれば、私たちがよく知っている動物たちもふくまれていて、いま動物園にいる動物たちのほとんどが、絶滅を心配されています。

　なぜこのような問題がおきているのでしょうか？

　そして、生きものがきえるということは、私たちのくらしとどのようにつながっているのでしょうか？

　いっしょに考えていきましょう。

アムールヒョウ

Amur Leopard

CR（深刻な危機） アムールヒョウは、亜種のため近年再評価がおこなわれておらず、2008年の評価です。

- 哺乳類　食肉目　ネコ科　ヒョウの亜種
- 大きさ　0.9〜1.9ｍ
- 重さ　30〜70kg
- 食べるもの　小型〜中型の動物、鳥など
- すんでいるところ　ロシア南東部（沿海地方）
- 中国・朝鮮民主主義人民共和国とロシアの国境に広がる森にすみ、寒さから身を守るための、ふわふわとした長い毛が特徴です。体の斑点は、ほかのヒョウにくらべると大きく、草や葉にまぎれて体を目立たなくさせる役割があります。

アムールヒョウは、世界でいちばん北にくらすヒョウのなかまです。
その数は、わずか80頭前後といわれていて、野生では絶滅寸前です。

アムールヒョウがすむロシアの森は、トラやクマ、イノシシ、シカ、モモンガをはじめ、さまざまな種類の生きものがすむ豊かな森です。

　しかし、木材として売るために、たくさんの木が切られて、森がきえ、そこにすむ生きものたちもきえていくという問題がおきています。

　森の中には、松の実がなる、チョウセンゴヨウ（ベニマツ）という木があります。チョウセンゴヨウの木が切られて、その松の実がなくなると、それをえさにしているリスやイノシシなどの草食動物がいなくなります。草食動物が

いなくなると、その草食動物をえさにしている、アムールヒョウのような肉食動物もまた、きえていくことになるのです。

それだけでなく、アムールヒョウのすむ森では、ダニをたいじするためや、山菜や鉄くずをひろうときに、地面がよく見えるように、草を焼きはらうことがあります。そして、その火がもとで森が火事になって、生きものたちがすめなくなってしまうこともあります。

ロシアの森の木材は、世界の国々に輸出され、日本の私たちのくらしの中でも使われているといわれています。

森がきえると、
そこでくらす
生きものたちも
きえていくことに
なるんじゃよ。

アフリカゾウ
African Savanna Elephant

EN（危機）

- 哺乳類　長鼻目　ゾウ科
- 大きさ　オス6〜7.5m、メス5.4〜6.9m（鼻の長さもふくむ）
- 重さ　オス最大7.5t、メス2.4〜3.5t
- 食べるもの　草や木の葉
- すんでいるところ　アフリカ大陸のサハラ砂漠以南
- 地上最大の動物です。ふだんは、最年長のメスにひきいられた10〜50頭の群れで生活します。ゾウの家族はかたいきずなで結ばれていて、協力して子どもを守ったり、けがをしたなかまを助けたりする姿が見られます。

19世紀には、アフリカ大陸に1000万頭のゾウがいたといわれていますが、いまではおよそ42万頭です。

アフリカ南部の国、アンゴラの首都ルアンダでは、アクセサリーや彫刻など、いろいろな象牙の加工品が市場で売られています。

　象牙とは、ゾウの牙のことです。アジアやヨーロッパで昔からよく使われ、日本でも、はんこの材料などに使われてきました。高いねだんで売れる象牙をとるために、たくさんのアフリカゾウが殺されて数がへり、絶滅が心配されています。

　アフリカゾウの象牙を国どうしで売ったり買ったりする

ことは、「ワシントン条約」(絶滅のおそれのある野生動植物の種の国際取引に関する条約)によって禁止されていますが、アンゴラは2013年までこの条約に加盟していなかったので、密猟された象牙がもちこまれやすくなっていました。世界中で取り引きされている象牙の中には、密猟されて違法に売られたものがふくまれているかもしれません。

お金になる象牙のために、きえていく命がある。

カバ

Hippopotamus

VU（危急）

- 哺乳類　偶蹄目　カバ科
- 大きさ　3.3～3.5m
- 重さ　オス1.6～3.2ｔ、メス約1.4ｔ、
- 食べるもの　草
- すんでいるところ　アフリカ大陸のサハラ砂漠以南の河川、湖、沼
- カバの顔は、すぐに水面から出せるように、目、鼻、耳が一面に並んでいます。昼は水の中ですごし、夜は食事のために草原に出てきます。オスは単独でなわばりを守り、メスと子どもは100頭以上の群れをつくることもあります。

30年前には約2万9000頭いた
コンゴ民主共和国のカバは、
1990年代の戦争のあいだに
急に数がへってしまい、
現在は、約5000頭とみられています。

中部アフリカにあるコンゴ民主共和国は、以前はアフリカで、もっともたくさんのカバがすんでいたところのひとつでした。

　けれども、長いあいだ続いた戦争で、食べるものがなくなった戦場の兵士たちに、食料として殺されて食べられるようになり、急激に数がへってしまいました。

　また、象牙のかわりとして売るために、カバの牙がねらわれ、それを売ったお金で、武器や食料が買われることもあるそうです。

戦場では、戦いでカバのすむ森がこわされてしまったり、狩猟が禁止されている「保護区」にもかかわらず、きまりが守られずに、密猟されてしまうこともあるのです。

カバの牙はアクセサリーや置物などに使われます。

戦場では、生きものたちもまきこまれているんじゃね。戦争ほどもったいないことはない。

ジュゴン
Dugong

VU（危急）

- 哺乳類　海牛目　ジュゴン科
- 大きさ　2.4〜3m
- 重さ　250〜420kg
- 食べるもの　海草（海藻ではなく、海中の顕花植物）
- すんでいるところ　インド洋、太平洋の熱帯や亜熱帯の浅い海。琉球列島が北限
- 海牛類とよばれる草食の哺乳類で、水中をゆっくり泳ぎながら海草を食べる姿は、まさにウシのようです。ジュゴンが1回に産む子どもの数は1頭だけで、乳離れするまで1年半〜2年近くもかかります。そのため、一度数がへると、なかなかふえず、もとにもどるのがむずかしいのです。

世界的に絶滅が心配されているジュゴンですが、沖縄の海ではわずか10頭以下といわれていて、絶滅寸前の状態です。

インド洋と太平洋の浅く、あたたかい海にくらすジュゴンは、その姿から、「人魚」のモデルになったといわれています。

ジュゴンは、アマモなど、浅い海の底に生える草をえさとして食べていますが、浅い海は陸地に近いため、人間の生活の影響をうけやすくなります。

開発によって、海がうめたてられたり、鉄分を多くふくんだ赤土が海に流れこんだりして、海草の生える場所がなくなってしまい、えさが食べられなくなったジュゴンも、だんだん姿をけしてしまったのです。

ジュゴンは魚をとるための網にまちがってかかり、死んでしまうこともあるそうです。

　オーストラリアでは、ジュゴンを保護する活動が行われていますが、それ以外の場所では絶滅を心配されています。

　日本でも、沖縄島東部の海にジュゴンがすんでいますが、10頭以下にまでへってしまったといわれ、このままでは、ニホンオオカミのように、ジュゴンもまた、日本からきえてしまうかもしれません。

魚にまざって網にかかり
傷ついてしまう海の生きものは、
ほかにもたくさん
いるそうじゃよ。

トラ
Tiger

🟠 **EN（危機）**

- 哺乳類　食肉目　ネコ科
- 大きさ　1.4〜2.8ｍ
- 重さ　オス180〜310kg、メス80〜160kg
- 食べるもの　おもに中型〜大型の動物
- すんでいるところ　インドからロシア南東部までのアジア地域
- ライオンとならんでネコ科の中で最大の動物です。オスにもメスにもなわばりがあり、森や水辺の深い茂みを好んですみかにします。黄色と黒のもようは、林や、丈の高い草むらの中の光と影にまぎれてしまいます。

20世紀はじめには10万頭いたといわれるトラは、
狩りをされたり、開発ですむ森が
きえてしまったりして、
いまでは2000〜3000頭にまで
へってしまいました。

西は温暖なトルコ、南は赤道直下のインドネシア、北は寒さのきびしいロシアまで、トラは、広くアジアの森にくらしていました。けれども、中央アジアやバリ島、ジャワ島では、すでに絶滅しています。中国南部にすんでいるものも、野生ではほぼ姿をけし、野生のトラが生き残っている地域でも、その数はへりつづけています。

　その理由は、毛皮や骨などをとるためにたくさんつかまえられてきたこと、すみかの森がへっていることがあげられます。

　トラの骨などの体の部分は、ずっと昔から漢方薬の材料として使われてきました。

ほかの動物に食べられることがないので、トラには天敵がいません。食べる、食べられるという関係でつくられる生きものたちのつながりを「食物連鎖」といいますが、トラはその頂点に立つ生きもの。そのトラが絶滅しかけているということは、食物連鎖のつながりがこわれ、自然のバランスがくずれてきているということです。

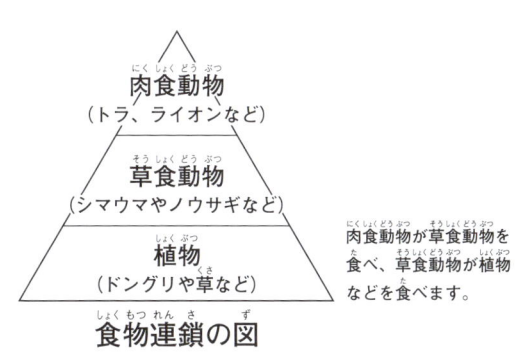

食物連鎖の図

肉食動物（トラ、ライオンなど）
草食動物（シマウマやノウサギなど）
植物（ドングリや草など）

肉食動物が草食動物を食べ、草食動物が植物などを食べます。

トラの天敵は
人間かもしれないね。

ホッキョクグマ
Polar Bear

VU（危急）

- 哺乳類　食肉目　クマ科
- 大きさ　オス 2.5 〜 3 m、メス 2 〜 2.5 m
- 重さ　オス 350 〜 650kg、メス 175 〜 300kg
- 食べるもの　おもにアザラシ。ほかにセイウチなど
- すんでいるところ　北極圏周辺の沿岸域
- クマのなかまではいちばん大きく、泳ぐのに適した流線型の体をしています。白く見える毛は、じつは半透明で、太陽の熱を効率よく体につたえられるようになっています。ほかの種類のクマは、植物もよく食べる雑食が多いですが、ホッキョクグマは肉食が中心です。

気温が上がって氷がとけてしまうことで、2050 年までには、ホッキョクグマの数は、現在の 3 分の 1 になるかもしれないと考えられています。

ホッキョクグマは、北極圏周辺の海にはりだした氷の上で、1年のほとんどをすごし、そこでアザラシなどをつかまえて食べています。近年、気温が上がって、足場の氷が少なくなったために、移動や狩りができず、じゅうぶんなえさをとることができなくなってしまいました。
　お母さんのクマがえさをちゃんと食べられないと、母乳の栄養が少なくなり、生まれてきた子グマが育つこともむずかしくなります。
　お母さんのクマは、冬がくるまえに巣穴をつくって入り、その中で子どもを産んで、春まで200日以上も、なにも食べずに子育てをします。そのため、子どもを産むまえにた

くさん食べておかないと、母子ともに生死にかかわる問題になるのです。

　北極の海をおおう氷はいまもどんどんへりつづけて、夏のあいだ海上にのこる氷の面積は、1980年とくらべて半分以下にへってしまいました。春から秋の季節が長くなり、冬が短くなってきて、北極圏が広く氷でおおわれる期間はますます短くなっています。

　ホッキョクグマを守るためには氷の海だけではなく、そのエサとなる、アザラシやほかの生きものもいっしょに、北極海の自然全体を守る必要があります。

足もとの氷がぜんぶ
とけてしまったら、
ホッキョクグマは
どうなるんじゃろう。

ジャイアントパンダ
Giant Panda

VU(危急)

- 哺乳類　食肉目　クマ科
- 大きさ　1.2～1.5ｍ
- 重さ　75～160kg
- 食べるもの　おもに竹。そのほか球根、草、昆虫
- すんでいるところ　中国南西部
- 高地に生えるいろいろな種類の竹を食べます。竹には栄養分が少ないため、パンダは1日に14時間も竹を食べつづけて、必要な量をとっています。前足には手首の骨が発達してできた出っぱりがあって、「第6の指」「パンダの親指」ともよばれ、その指を使って、竹をしっかりつかむことができます。

ジャイアントパンダは、
絶滅のおそれが高い
生きもののひとつです。
生涯に産む子どもの数が少ないため、
一度数がへると、もとにもどるには、
長い時間がかかります。

ジャイアントパンダは、中国南西部の山林に、1600頭あまりすんでいるといわれています。パンダのえさは、高地に生える竹です。

　30〜120年に一度、竹の花がさいて、枯れてしまうときには、パンダは枯れずにのこったほかの種類の竹を食べて、生きぬいてきたと考えられています。

　しかし、人間が鉱物資源をほりだすために山をけずったり、切り出した木材をはこぶ道路をつくったりして山林がわけられてしまい、パンダは、広く移動することができなくなってしまいました。そのため、せまい地域に生えるか

ぎられた種類の竹しか食べられなくなり、その種類の竹が枯れると、飢えて死んでしまう危険があるのではと心配されています。

1974〜1975年および1985〜1988年にかけて行われた調査では、2万9500平方キロメートルあったパンダのすむ山が、半分以下の1万3000平方キロメートルにまでへっていることがわかりました。

また、高いねだんで売れる毛皮のためにも、たくさんのパンダが犠牲になってきました。

山が切り開かれたのは何のためか、
それがパンダにとっては、
どういうことになったのか、
パンダの身になって、考えてみよう。

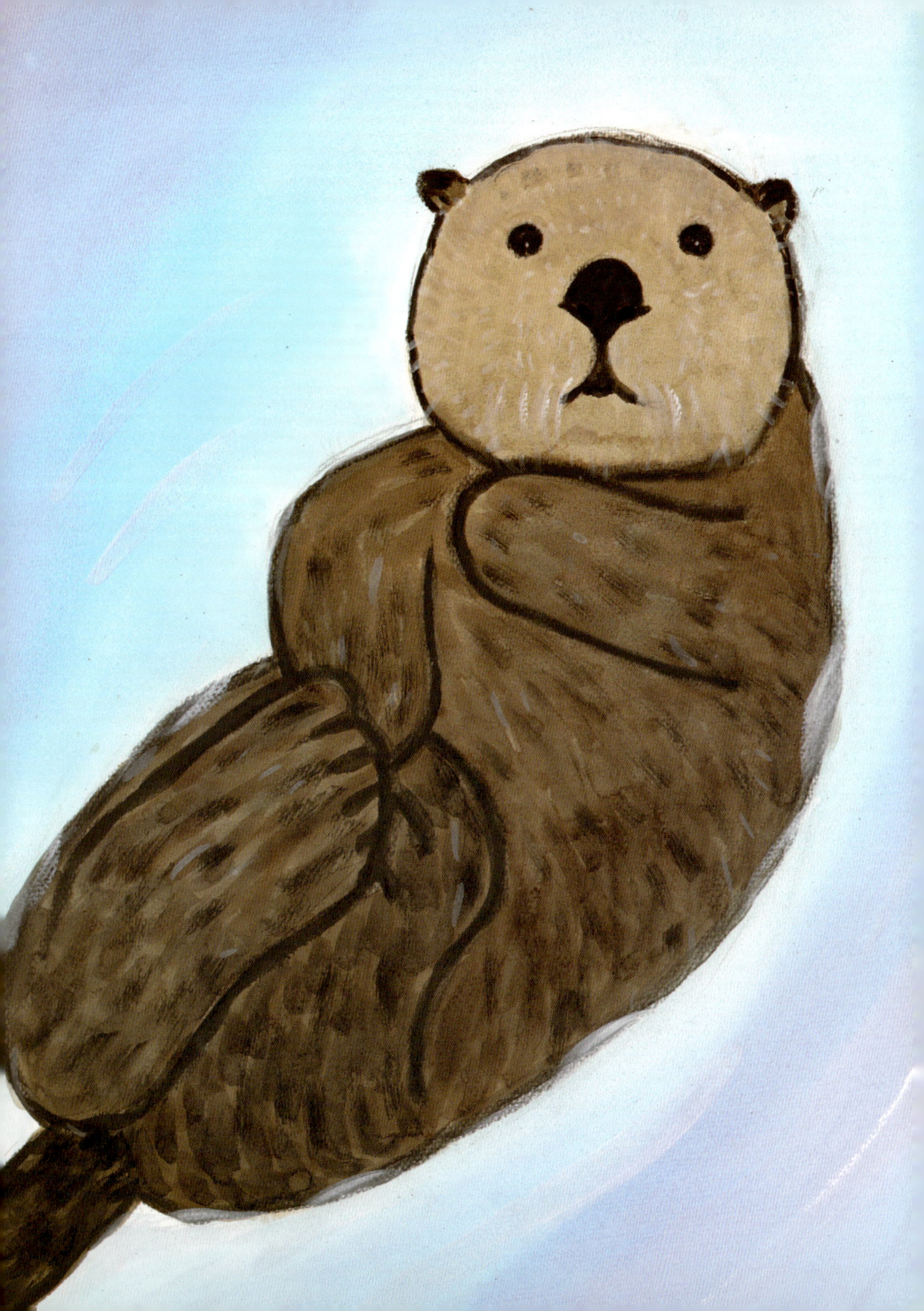

ラッコ
Sea Otter

EN（危機）

- 哺乳類　食肉目　イタチ科
- 大きさ　55〜130cm
- 重さ　15〜45kg
- 食べるもの　魚、甲殻類、貝
- すんでいるところ　北太平洋の沿岸域。日本近海では北海道東沿岸
- 寒い海の中で体温がうばわれないように、密度が高い毛皮をまとっています。海の上にうかんでえさを食べるラッコは、貝をわるときなどに、石を道具として使いますが、道具を使うのは、霊長類をのぞいて、哺乳類ではラッコだけといわれています。また、休むときは、流されないように海藻を体にまきつけます。

北太平洋にすむラッコは、
その毛皮をとるために人間につかまえられて
数がへり、絶滅を心配された時期がありました。
ラッコがきえた海では、ほかの生きものたちも
つぎつぎと姿をけしてしまいました。

人間が毛皮をとるためにつかまえて、ラッコがきえてしまった海では、つぎのようなことがおきました。

　ラッコがえさにしていたウニが、ラッコに食べられなくなったためにふえすぎてしまい、ウニのえさである海そうを食べつくしてしまいました。海そうは、小さな魚や貝やイソギンチャクが、えさとして食べたり、すみかにしたり、卵を産んで子どもを育てたりする大切な場所だったのですが、その海そうがなくなったために、それらの生きものたちも姿をけしてしまいました。そして、一度はふえすぎた

ウニも、結局は、えさの海そうがなくなったので、いなくなってしまいました。

ラッコがいなくなることで、生きものたちのつながりが切れてしまい、その地域の命がつぎつぎときえてしまったのです。

ラッコのように、命のつながりの「かぎ」をにぎる生きもののことを、「キーストーン種」とよんでいます。

生きものたちはみんな
食べたり食べられたりして、
命のつながりの中で
生きているんじゃよ。

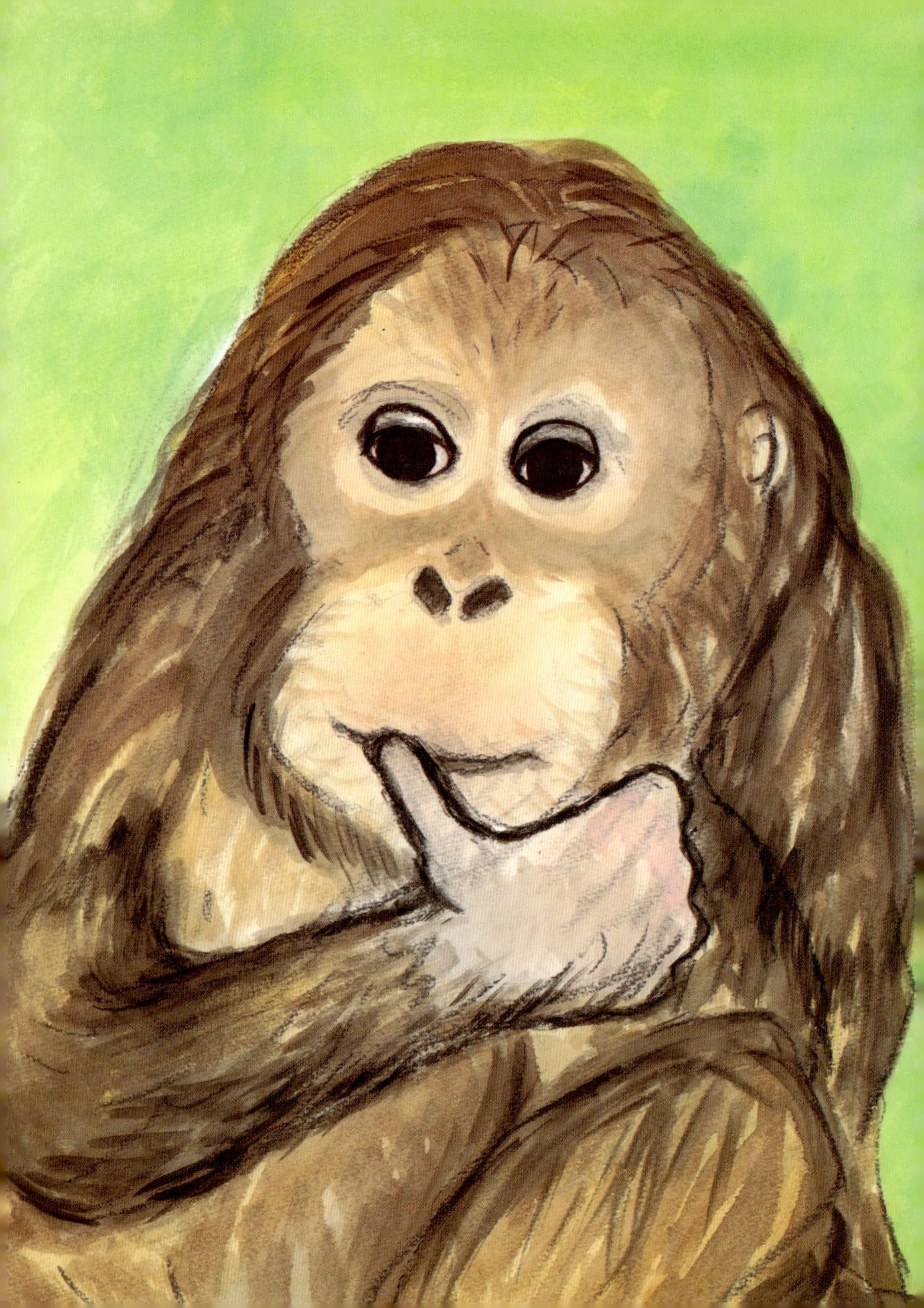

オランウータン
Orangutan

ボルネオ オランウータン	スマトラ オランウータン	タパヌリ オランウータン
CR（深刻な危機）	CR（深刻な危機）	CR（深刻な危機）

- 哺乳類　霊長目　ショウジョウ科
- 大きさ　1.1〜1.4m
- 重さ　40〜90kg
- 食べるもの　果実、木の葉、鳥の卵
- すんでいるところ　ボルネオ島とスマトラ島
- もっとも人に近いといわれるグループに属する動物です。豊かな熱帯の森にだけすみ、手と腕を使って木から木へと移動しながら、生活をします。ボルネオ島にすんでいるボルネオオランウータンと、スマトラ島にすんでいるスマトラオランウータン、タパヌリオランウータンの3種にわけられています。

オランウータンは、過去100年のあいだに、熱帯林がきえてすむ場所をうしなったり、ペットにするために密猟されたりして、90パーセント以上も数がへってしまいました。

東南アジアの熱帯林では、木材として売ったり、アブラヤシなどの畑をつくるために木が切られ、森がきえています。
　2000年の時点で、オランウータンのすむ森は、もともとあった面積の約80パーセントがきえたと考えられていますが、森はいまもきえつづけています。そして、1980年代からひんぱんにおきるようになった森林火災によっても、オランウータンがくらしていける場所はますますせばめられています。
　火災がおきやすくなっている原因は、森の木を切ったことで空気の通りがよくなり、火がつきやすくなったこと、畑や人工林をつくるために人が森の一部を焼きはらっていることなどがあげられます。

オランウータンは、木の実や皮などを食べて、一生のほとんどを木の上ですごすため、「森の人」とよばれています。森がなくては生活することができません。

　木が切られて、森と森が切りはなされてしまうと、オランウータンは、木をつたいわたって、食べものをさがすことができなくなります。また、移動する範囲がせまくなることで、オスとメスが出会うのがむずかしくなり、生まれる子どもの数がへってしまうことにもつながるのです。

　森を切り開いてつくられた農地では、人間に見つかりやすくなり、オランウータンの子どもをつかまえてペットとして売るために、母親が殺されてしまうこともあるそうです。

オランウータンにとって、森はぜったいに必要なもの。森がなければ、生きていくことができないんじゃ。

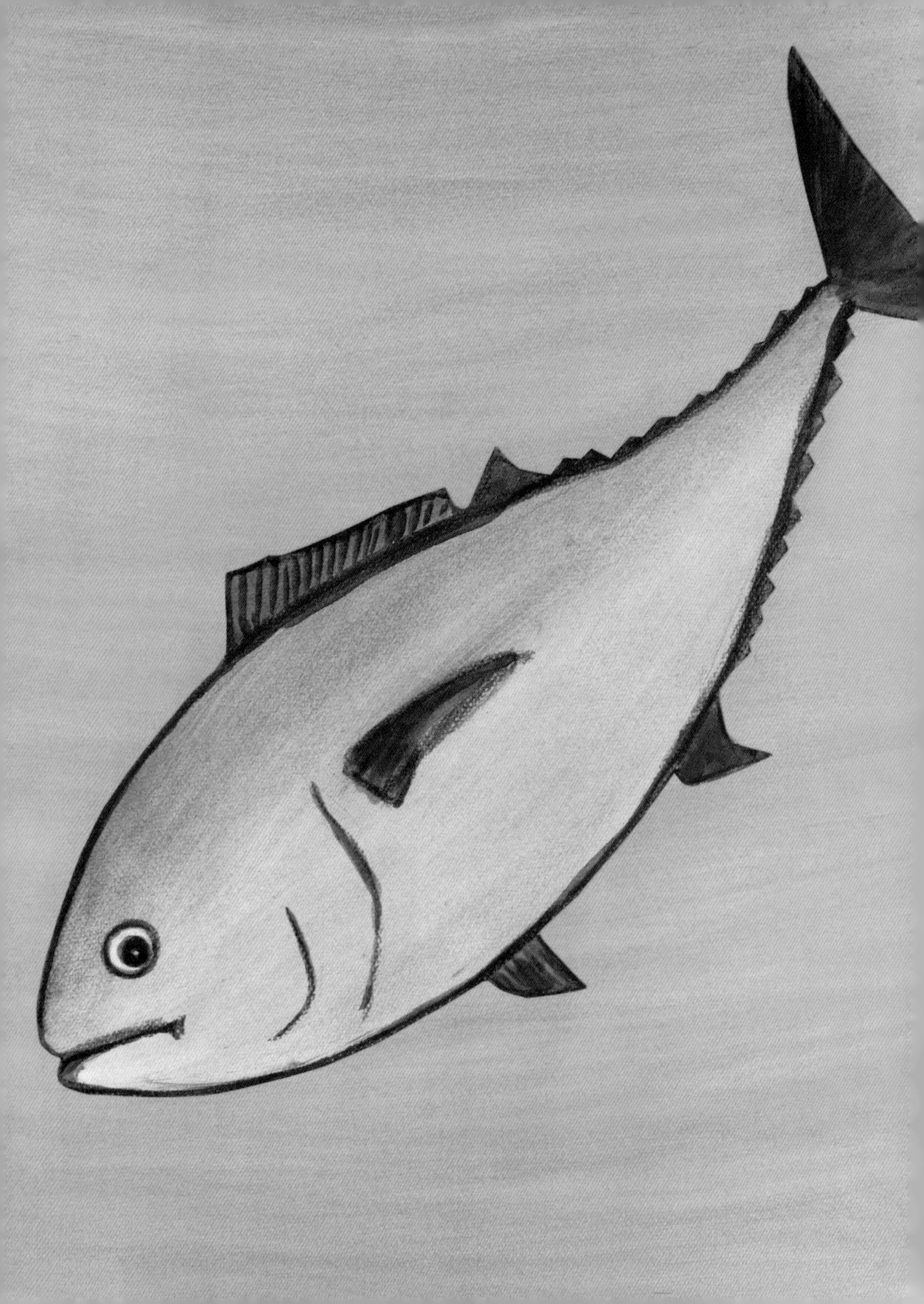

クロマグロ
Bluefin Tuna

タイセイヨウクロマグロ　LC（低懸念） ／ タイヘイヨウクロマグロ　NT（準絶滅危惧） ／ ミナミマグロ　EN（危機）

- 魚類　スズキ目　サバ科
- 大きさ　最大で約3m
- 重さ　400kg
- 食べるもの　小型〜中型の魚類、甲殻類、イカ類
- すんでいるところ　日本近海、太平洋の北半球側、大西洋の北半球側、インド洋
- 別名（地方名）　本マグロ、メジ（若魚）
- マグロは、泳いで口に海水を入れ、それをエラに通して呼吸しているので、泳ぐのをやめると死んでしまう魚です。そのため、季節ごとに海流にのって、群れで広い範囲を回遊しています。

地中海では、子どものクロマグロをふくめて人間がとりすぎたことで、数がへり、このままでは漁ができなくなると心配されています。
また、子どものうちにとってしまうことで、漁でとれるクロマグロのサイズも小さくなってしまいました。

「本マグロ」の名前で知られるクロマグロは、北半球の比較的つめたい海で、広い範囲をぐるぐると回って、移動をくりかえしています。

　近年、地中海では、天然のクロマグロがへってしまいました。その原因は、人間がたくさんとりすぎてしまったためと考えられています。

　クロマグロは寿命が10〜20年以上と長く、生まれてから親になれるくらいに成長するには、5〜8年が必要とされています。そのため、子どものクロマグロをふくめて大量にとりすぎてしまうと、数がもどるまでに時間がかかるのです。

また、とられたクロマグロのサイズも小さくなっていて、ここ10年くらいのあいだに、およそ半分の大きさになっているそうです。これは、クロマグロがじゅうぶん大きくなるまえに、とられてしまっているということです。

　人間が魚を多くとりすぎると、海の命のつながりである食物連鎖をこわし、その海にくらす生きものたちのバランスをくずすことになってしまいます。

　日本は、世界でとれるクロマグロの約80パーセントを消費しているといわれ、たくさんのクロマグロが、刺身やおすしなどで食べられています。

> とりすぎはいけないね。よくばりすぎもだめじゃよ。

ジャイアントパンダ

アムールヒョウ

トラ

ジュゴン

アフリカゾウ

カバ

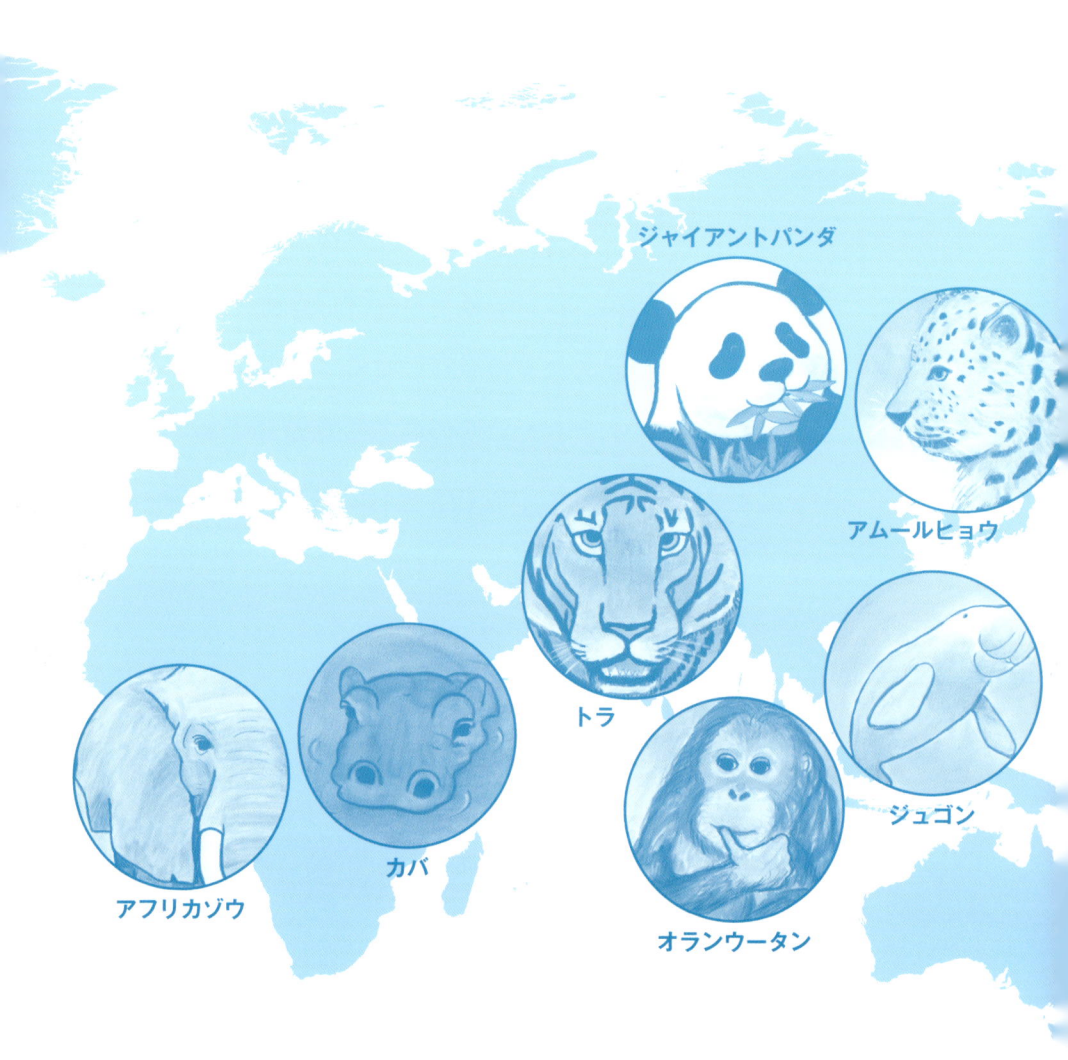

オランウータン

世界中できえゆく生きものたち
この地図にあるのは、この本で紹介した生きものたちです。

ホッキョクグマ

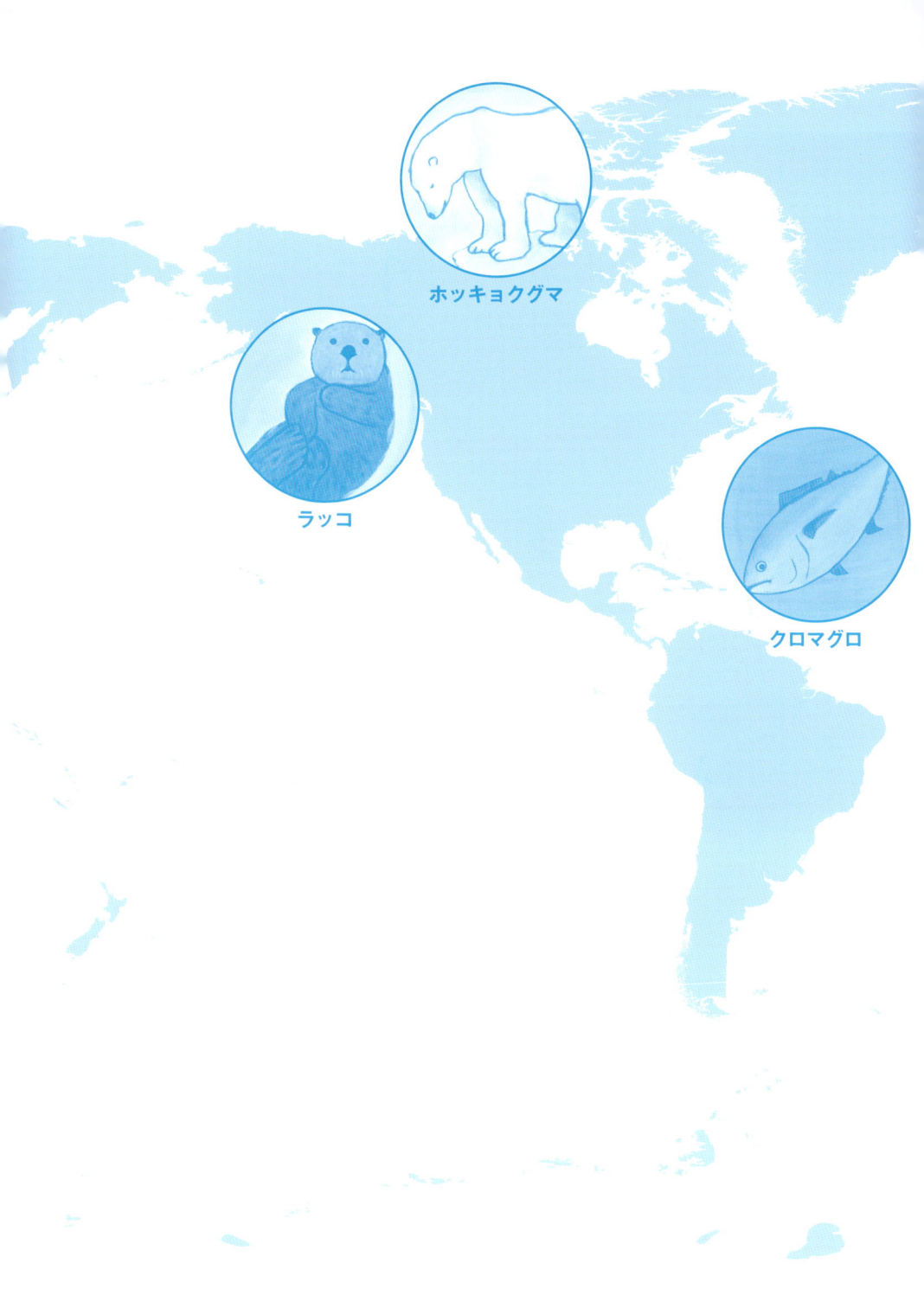

ラッコ

クロマグロ

生きものがきえると、どうなるの？

　いま、地球の上にすむたくさんの生きものたちが、つぎつぎときえています。

　絶滅は、自然におきることもありますが、現在、生きものたちが絶滅しているスピードは、自然のスピードの100倍から1000倍、あるいはそれ以上ともいわれるほど、かつてない速さですすんでいます。

　なぜ、たくさんの生きものたちが、そんなに速いスピードで地球上からきえているのでしょう？

　そしてなぜ、それが問題になるのでしょうか？

　名前も聞いたことがない生きものたちがいなくなることは、私たちのくらしと関係があるのでしょうか？

私たちのくらしと生きもの

　私たちは、毎日食事をします。ほかの生きものの命をいただいて生きています。
　牛、豚、鳥、魚。野菜や果物。ごはんとパンも、稲や小麦という植物からつくられています。
　食べものだけではありません。
　着るもの、たとえばTシャツに使われる綿は、綿花からつくられています。毛糸のセーターは羊の毛を刈って、シルクの布は蚕のまゆから糸をつむいでつくられます。
　また、家や家具、そして、紙なども多くが木からつくられています。
　私たちは、いろいろな生きものの命を、生活に利用したり、食べものとして食べたりして、自然のめぐみをいただきながら生きています。だから、生きものたちがいなくなると、私たちのくらしも成り立たなくなってしまうのです。

生物多様性ってなに？

　私たち人間と生きものだけではなく、生きものたちどうしもつながっています。

　ライオンは、シマウマなどほかの動物たちをつかまえて、食べています。大きい魚は、小さい魚を食べます。牛や馬、羊は、草を食べています。

　このように、食べたり食べられたりの関係や、助けあい、支えあう関係としても、つながっています。

　たとえば、木の実を食べた鳥が、ぽとんぽとんとうんちをします。うんちの中には種が入っていますから、うんちが落ちたところから芽が出て、木がふえていきます。鳥は、木の実を食べて生きていますが、同時に、木がふえるのを助けてもいるのです。

　鳥のうんちが落ちたところには、土があります。この土は、枯れ葉や生きものの死がいを、ミミズや微生物が食べて生みだしたものです。そのような小さな生きものたちが生みだした土の栄養で、木はまた、大きく育っていきます。

人間も、ほかの動物も、植物も、地球上の生きものたちはみんな、つながりあい、支えあい、全体で自然のバランスをつくっています。だから、ひとつの生きものがきえると、そのまわりの生きものにも影響が出て、バランスがくずれ、ますますたくさんの生きものたちが、きえていくことになってしまうのです。そしてそれは、人が生きていくのに必要な自然そのものが、きえていくことになります。

　いろいろな生きものたちがつながっていること、そして、すべての生きもののあいだにちがいがあることを、「生物多様性」といいます。

　いま、生きものたちがきえることによって、地球上の豊かな生物多様性がうしなわれようとしています。

> 地球が豊かな星なのは、
> いろいろな生きものがいるからこそ。
> バランスがとれていることは、
> とても大事なことなんじゃよ。
> みんな支えあって生きているからね。

生きものがきえる理由 ① 生きる場所がなくなる

　それでは、いまなぜ、生きものたちがきえているのか、その原因を考えていきましょう。

　まず、人間が生きものたちのすむ場所をこわしているということがあります。

　木材として売ったり、畑をつくるために森の木を切ったり、工場や家庭から出るよごれた水で川や海をよごしたり、うめたてたりすることによって、生きものたちがその場所でくらせなくなってしまうのです。

　たとえば、インドネシアなど東南アジアに広がる熱帯林では、アブラヤシなどの畑をつくるために、たくさんの木が切られ、自然の森がきえています。その森にもともとすんでいたオランウータンは、生活することができなくなり、絶滅が心配されています。

　その地域では、ゾウもすむ場所をうばわれて、畑の農作物を食べる害獣として殺され、数がへってしまいました。

アブラヤシの畑にかわる熱帯林
アブラヤシからとれるパームオイルは、スナック菓子やインスタント食品などに使われています。
インドネシア
ⓒ Uniphoto Press

地球の森は、文明が始まった時期とされる約8000年前にくらべて、およそ半分がなくなっているそうです。生きものたちを守りながら、森を利用する努力が始まっているところもありますが、いまも、毎年、北海道と九州、四国をあわせたくらいの大きさの熱帯林が、きえつづけているといわれています。

　人がかかわることで、生きものがきえる原因には、毛や皮をとったり、食料にするために、人間が生きものたちをたくさんとりすぎてしまうこともあります。

　また、日本では、人間が里山の手入れをしなくなって、荒れてしまい、生きものたちの中には、すみづらくなって、数がへっているものもあります。

> 人間のつごうだけでなく、生きものたちのことも考えて、自然を守っていきたいね。

生きものがきえる理由 ② 気候がかわっている

　生きものがきえていく原因のひとつには、気候がかわり、おかしくなっているという問題があります。
　気候がかわることで、生きものたちのすむ環境がかわってしまい、そこではくらせなくなってしまうのです。
　北極海周辺にすむホッキョクグマは、氷の上でアザラシなどをつかまえて食べていますが、気温が上がって、海があまり凍らなくなってしまったため、狩りをすることがむずかしくなってきました。このままでは、夏のあいだ、北極海の氷は完全にとけてしまうようになり、ホッキョクグマは、絶滅するかもしれない、といわれています。
　気候がかわることによって、一部の鳥たちの子育てにも問題がおきています。マダラヒタキという、ヨーロッパとアフリカのあいだを移動する渡り鳥がいますが、気候がかわって、この鳥が、卵を産んで子育てをする時期と、えさとなる虫がたくさん発生す

ホッキョクグマ

る時期がずれてしまいました。そのため、じゅうぶんなえさが得られなくなって、ヒナが育たず、1990年から2010年ごろのあいだに90パーセントも数がへってしまいました。

　気候がかわると、生きものたちのすむ場所もうつりかわります。それまでは気候が合わなくて、そこでは生きられなかったはずの生きものが移動してきて、もともとそこにすんでいた生きものたちの「生態系」をくずしてしまうこともあります。生態系とは、ある地域の生きものたちがすむ環境、そして、その地域の自然をつくっている命のつながりをあらわしています。

　また、熱帯の蚊などが、平均気温が上がって、あたたかくなったところに移動してくると、いままでそこにはなかった病気が広がってしまう危険もあります。そして、このように、近年、急激に気候がかわっているという問題には、私たちのくらしが大きくかかわっていると考えられています。

気候がおかしくなると、生きものたちのくらしもかわってしまうんじゃね。

生きものがきえる理由 ③ 外来種が入ってくる

そのほかにも、人間がもちこんだ、ほかの土地の生きもの（外来種）が入ってくることも、その土地にもともとすんでいる生きもの（在来種）がきえていく原因になります。

日本では、ペットとして飼われたあと、すてられて野生化したアライグマや、湖にはなされたブラックバス、ハブの対策としてもちこまれたマングースなどが、その土地の動物や植物を食べてしまい、在来種の数がへっています。

外来種の中には、在来種やその卵を食べるだけでなく、同じような環境でくらしている在来種からすみかをうばったり、病気を広げたりするものもいます。

アライグマ
© Pat Lalli-Fotolia.com

ジャワマングース
提供：琉球大学農学部外来種管理対策研究室
　　　小倉剛先生

カントウタンポポ

植物でも、カントウタンポポなどの在来種がへり、セイヨウタンポポなどの外来種が多く見られるようになりました。
　ひとつの地域の自然の中には、食べたり食べられたり、助けあったりする関係があって、それぞれの生きものがふえすぎたりへりすぎたりしないように、自然のバランスをつくっています。
　そこに外来種が入ると、その地域のバランスがくずれて、在来種が絶滅に追いこまれてしまう危険があるのです。

> ペットが飼えなくなったからといって、むやみにはなして知らんぷりはいけないよ。

生きものすべて、みんなの地球

　いま地球の上では、たくさんの生きものたちが、すごいスピードできえています。

　このような問題がおきている原因には、これまでお話ししてきたように、私たち人間のくらしが、大きくかかわっています。

　私たちの食べものになったり、生活に必要な生きものは、価値があるとされていますが、一方で、それらをつくるために森の木が切られ、海や川がよごれて、きえていく生きものたちもいます。

　人間の都合だけで自然をこわしたり、生きものをとりすぎたりしていると、自然のバランスがくずれて、生きものたちがきえていくことになってしまうのです。

　生きものたちはみんな、つながりの中で生きているので、ひとつの生きものがきえると、そのまわりの生きものたちもつぎつぎときえていきます。

　ひとつの生きものだけで、生きていくことはできません。このまま生きものたちがきえつづけていけば、すべての命が失われ、人間もきえていくことになるかもしれないのです。

地球は、人間だけのものではなく、生きものすべて、みんなの地球。その大切さをわすれず、どうすれば、問題を解決できるか、どうすれば、ほかの生きものたちと自然を分けあい、地球を守って、ともに生きていけるのかを、考えていきましょう。

人間が地球の自然を
ひとりじめするのも、
自分の都合だけで、
いい生きもの、悪い生きものを
決めるのも、おかしなこと。
いらない命なんてひとつもない。
命はすべてつながっていて、
ひとつひとつの命が
大切なんじゃよ。

あとがき

　4歳だった息子に、「もったいないってどういう意味？」ときかれたことがきっかけで、『もったいないばあさん』という絵本が生まれました。

　「もったいない」という言葉には、自然のめぐみや、ものを作ってくれた人への感謝の気持ちがこめられています。そして、その意味を深く考えていくにつれ、「もったいない」は命の大切さをつたえる言葉だと、考えるようになりました。

　いま、地球には、さまざまな問題がおきています。それらの問題は、命をまず一番に考えていたらおきなかったと思うことばかり。

　2008年より、地球でおきている問題と、私たちのくらしとのつながりをもったいないばあさんのメッセージとともにつたえる、「もったいないばあさんのワールドレポート展」という展示会を開催してきました。

　パート1の「地球の問題と世界の子どもたち」では、地球でおきている問題の全体像と、それにまきこまれる子どもたちの現状を、イラストのパネルでご紹介しています。この内容は、『もったいないばあさんと考えよう　世界のこと』（講談社）にまとめました。

　パート2の展示会「生きものがきえる」では、問題の中から、生きものたちが絶滅する、生物多様性が失われる問題を特集して、私たちのくらしとのつながりをおつたえします。本書は、私が展示会場で子どもたちにむけて行うギャラリートークの内容をもとにまとめました。

　「もったいないばあさんのワールドレポート展」は、パート1、パート2ともに、巡回展示を続けていますので、機会がありましたら、ぜひ会場のほうにも足をはこんでいただけたらと思います。開催情報は、もったいないばあさんのホームページ（www.mottainai.com）でご確認ください。

　展示会のパネル制作にご協力いただいた札幌市円山動物園の北川憲司さん、株式会社モーニングの皆さん、また、後援と本書の監修をしてくださったWWFジャパンさん、国際自然保護連合（IUCN）日本委員会さん、恩賜上野動物園の皆さん、日本動物園水族館協会さん、そして、講談社の渡辺由香さん、塩見亮さん、望月志保さんなど、たくさんの方がたのご協力に、この場を借りて心からのお礼を申し上げます。ありがとうございました。

真珠まりこ

自分さえよければ、
という考えをもたず、
分けあう
気持ちがあれば、
平和な世界が
かならずできる。
どうしたらみんなで
幸せにくらして
いけるかを、
考えていこう。
できることをやらない
なんて、もったいない！

真珠まりこ
Mariko Shinju

絵本作家。神戸生まれ。神戸女学院大学卒業後、大阪総合デザイン専門学校および、ニューヨークのパーソンズデザイン学校で絵本制作を学ぶ。1998年、アメリカで出版された「A Pumpkin Story」は、2000年に『かぼちゃものがたり』（学習研究社）として日本でも出版された。2004年、絵本『もったいないばあさん』（講談社）が刊行され、ベストセラーとなり、「もったいないばあさん」シリーズ（講談社）で、「けんぶち絵本の里大賞」を3度受賞。2008年から「もったいないばあさんのワールドレポート展」を開催するなど、活動の幅を広げている。2009年より、環境省・地球生きもの応援団メンバー。

レッドリストについて

IUCN（国際自然保護連合）とIUCNの種の保存委員会（SSC）が提供する「絶滅のおそれのある生物種のレッドリスト」は、自然保護の優先順位を決定する手助けをします。また、絶滅の危機にさらされている植物や動物の種のパーセンテージを分析し、生物多様性の損失について統計上の警告をだします。
レッドリストは、下記のカテゴリーに従い、生物種の分類をおこなっています。

1. EX (Extinct)：絶滅
すでに絶滅したと考えられる種

2. EW (Extinct in Wild)：野生絶滅
飼育・栽培下であるいは過去の分布域外に、個体（個体群）が帰化して生息している状態のみ生存している種

3. CR (Critically Endangered)：深刻な危機
ごく近い将来における野生での絶滅の危険性が極めて高いもの

4. EN (Endangered)：危機
CRほどではないが、近い将来における野生での絶滅の危険性が高いもの

5. VU (Vulnerable)：危急
絶滅の危険が増大している種。現在の状態をもたらした圧迫要因が引き続いて作用する場合、近い将来CR、ENのランクに移行することが確実と考えられるもの

※ CR、EN、VUの3つはまとめて「絶滅危惧」とされています。

6. NT (Near Threatened)：準絶滅危惧
存続基盤が脆弱な種。現時点での絶滅危険度は小さいが、生息条件の変化によっては「絶滅危惧」として上位ランクに移行する要素を有するもの

7. LC (Least Concern)：低懸念
基準に照らし、上記のいずれにも該当しない種。分布が広いものや、個体数の多い種がこのカテゴリーに含まれる

8. DD (Data Deficient)：データ不足
評価するだけの情報が不足している種

[IUCNとは]
IUCN（国際自然保護連合）は、1948年に設立され、スイスのグランに本部があります。絶滅のおそれのある生物種の中から、自然保護の優先順位を決定する手助けとなるIUCNレッドリストを作成し、独特の世界規模での協力関係を築いている世界最大の自然保護機関です。

http://www.iucn.jp/

[参考文献]
IUCN ホームページ
IUCN レッドリスト 2023
WWF ホームページ
会報「WWF」2006年6月号、10月号、12月号、2007年1/2月号、7/8月号、
9/10月号、2008年5/6月号、9/10月号、2009年3/4月号
FAO/State of the World's Forests 2007
「No Peace For Elephants」トラフィックネットワーク 2006年4月発表
UNEP-WCMC ホームページ
気象庁ホームページ「海氷のデータ」
USGS レポート「Uncertainty in Climate Model Projections of Arctic Sea Ice Decline: An Evaluation Relevant to Polar Bears」
旭山動物園　http://www5.city.asahikawa.hokkaido.jp/asahiyamazoo
鳥羽水族館　http://www.aquarium.co.jp
Yahoo! 百科事典　http://100.yahoo.co.jp
「小学館の図鑑 NEO 魚」「小学館の図鑑 NEO 動物」「21世紀こども百科 大図解」（すべて小学館）

[WWFとは]
WWFは、1961年に設立された世界最大規模の地球環境保全団体です。スイスにあるWWFインターナショナルを中心に100か国を超える国々で、地球上の生物多様性の保全と、人の暮らしが自然環境や野生生物に与えている負荷の軽減を柱として活動しています。www.wwf.or.jp

本書の売上の1%が、著者より、WWFジャパンへ寄付されます。

もったいないばあさんと考えよう　世界のこと
生きものがきえる

2010年5月21日　第1刷発行
2024年11月4日　第8刷発行

作・絵●真珠まりこ

監修●WWFジャパン
（公益財団法人　世界自然保護基金ジャパン）

発行者●安永尚人
発行所●株式会社　講談社
〒112-8001　東京都文京区音羽2-12-21
電話●03-5395-3534（編集）
03-5395-3625（販売）　03-5395-3615（業務）

KODANSHA

印刷所●株式会社精興社
製本所●大口製本印刷株式会社

© Mariko Shinju 2010　Printed in Japan　N.D.C. 360　64p　20cm
ISBN 978-4-06-216261-6

落丁本・乱丁本は購入書店名を明記のうえ、小社業務あてにお送りください。送料小社負担にておとりかえいたします。なお、この本についてのお問い合わせは、幼児図書編集あてにお願いいたします。本書のコピー、スキャン、デジタル化等の無断複製は著作権法上での例外を除き禁じられています。本書を代行業者等の第三者に依頼してスキャンやデジタル化することはたとえ個人や家庭内の利用でも著作権法違反です。定価はカバーに表示してあります。予想外の事故（紙の端で手や指を傷つける等）防止のため、保護者の方は書籍の取り扱いにご注意ください。

DTP制作　望月志保